中国水资源公报

2016

中华人民共和国水利部　编

中国水利水电出版社
www.waterpub.com.cn
·北京·

图书在版编目（CIP）数据

中国水资源公报. 2016 / 中华人民共和国水利部编
. -- 北京 : 中国水利水电出版社, 2017.7
ISBN 978-7-5170-5638-6

Ⅰ. ①中… Ⅱ. ①中… Ⅲ. ①水资源－公报－中国－2016 Ⅳ. ①TV211

中国版本图书馆CIP数据核字(2017)第175974号

审图号：GS（2017）1462号

书　名	**中国水资源公报 2016** ZHONGGUO SHUIZIYUAN GONGBAO 2016
作　者	中华人民共和国水利部　编
出版发行	中国水利水电出版社 (北京市海淀区玉渊潭南路1号D座　100038) 网址：www.waterpub.com.cn E-mail：sales@waterpub.com.cn 电话：(010) 68367658（营销中心）
经　售	北京科水图书销售中心（零售） 电话：(010) 88383994、63202643、68545874 全国各地新华书店和相关出版物销售网点
排　版	中国水利水电出版社装帧出版部
印　刷	北京博图彩色印刷有限公司
规　格	210mm×285mm　16开本　2.75印张　65千字
版　次	2017年7月第1版　2017年7月第1次印刷
定　价	48.00 元

目录

contents

说明：1.《中国水资源公报2016》中涉及的全国性数据是现有设施监测统计分析结果，均未包括香港特别行政区、澳门特别行政区和台湾省的相关数据。

2.《中国水资源公报2016》中多年平均值统一采用1956—2000年水文系列平均值。

概述

2016年，全国年平均降水量730.0mm，比多年平均偏多13.6%，比2015年增加10.5%。

全国水资源总量32466.4亿m^3，比多年平均偏多17.1%。其中，地表水资源量31273.9亿m^3，地下水资源量8854.8亿m^3，地下水与地表水资源不重复量1192.5亿m^3。

全国639座大型水库和3410座中型水库年末蓄水总量比年初减少40.7亿m^3。29个水面面积大于等于100km^2的湖泊年末蓄水总量比年初增加11.0亿m^3。北方平原地下水开采区年末浅层地下水蓄变量为67.0亿m^3。

全国供水总量和用水总量均为6040.2亿m^3，较2015年减少63.0亿m^3。其中，地表水源供水量4912.4亿m^3，地下水源供水量1057.0亿m^3，其他水源供水量70.8亿m^3；生活用水821.6亿m^3，工业用水1308.0亿m^3，农业用水3768.0亿m^3，人工生态环境补水142.6亿m^3。全国耗水总量3192.9亿m^3，废污水排放总量765亿t。

全国人均综合用水量438m^3，万元国内生产总值（当年价）用水量81m^3。耕地实际灌溉亩均用水量380m^3，农田灌溉水有效利用系数0.542，万元工业增加值（当年价）用水量52.8m^3，城镇人均生活用水量（含公共用水）220L/d，农村居民人均生活用水量86L/d。按可比价计算，万元国内生产总值用水量和万元工业增加值用水量分别比2015年下降7.2%和7.6%。

全国评价河长23.5万km，Ⅰ～Ⅲ类水质河长占76.9%；评价湖泊118个，Ⅰ～Ⅲ类水质个数占23.7%，富营养个数占78.6%；评价水库943座，Ⅰ～Ⅲ类水质座数占87.5%，富营养座数占28.8%；评价全国重要江河湖泊水功能区4028个，达标率73.4%；评价省界断面544个，Ⅰ～Ⅲ类水质断面占67.1%。

2016年，全国降水量偏丰，水资源总量偏多，大中型水库和湖泊蓄水总体稳定。全国用水总量较2015年略有下降，用水效率进一步提升，用水结构不断优化，水质状况有所好转，废污水排放量略有减少。

一、水资源量

（一）降水量

2016年，全国年平均降水量730.0mm，比多年平均偏多13.6%，比2015年增加10.5%。全国年降水量等值线见图1，全国年降水量距平❶见图2。1956—2016年全国年降水量变化见图3。

从水资源分区看，10个水资源一级区降水量均比多年平均偏多，其中东南诸河区和西北诸河区分别偏多35.5%和28.0%。与2015年比较，10个水资源一级区降水量均有不同程度的增加，其中辽河区和西北诸河区分别增加25.9%和21.2%。2016年各水资源一级区降水量与2015年和多年平均比较见表1。

从行政分区看，27个省（自治区、直辖市）降水量比多年平均偏多，其中福建、新疆、上海和江苏4个省（自治区、直辖市）偏多40%以上；四川、陕西、甘肃和山东4个省偏少3%～6%。2016年各省级行政区降水量与2015年和多年平均比较见表2。部分雨量站2016年及多年平均逐月降水量见图4。

❶ 距平是指当年降水量与多年平均值的差。

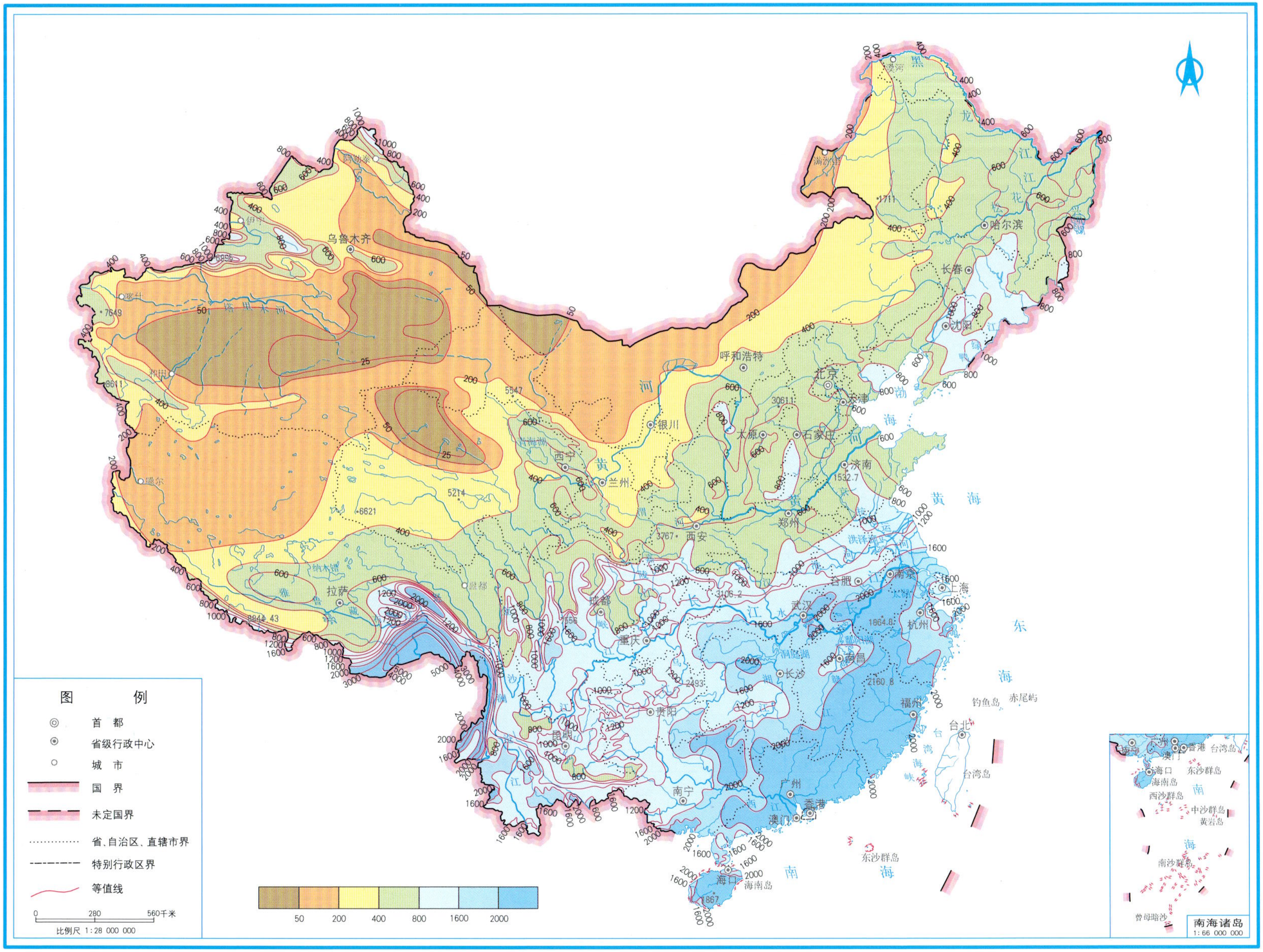

图1 2016年全国年降水量等值线图（单位：mm）

注：本图未包括香港特别行政区、澳门特别行政区和台湾省的数据。

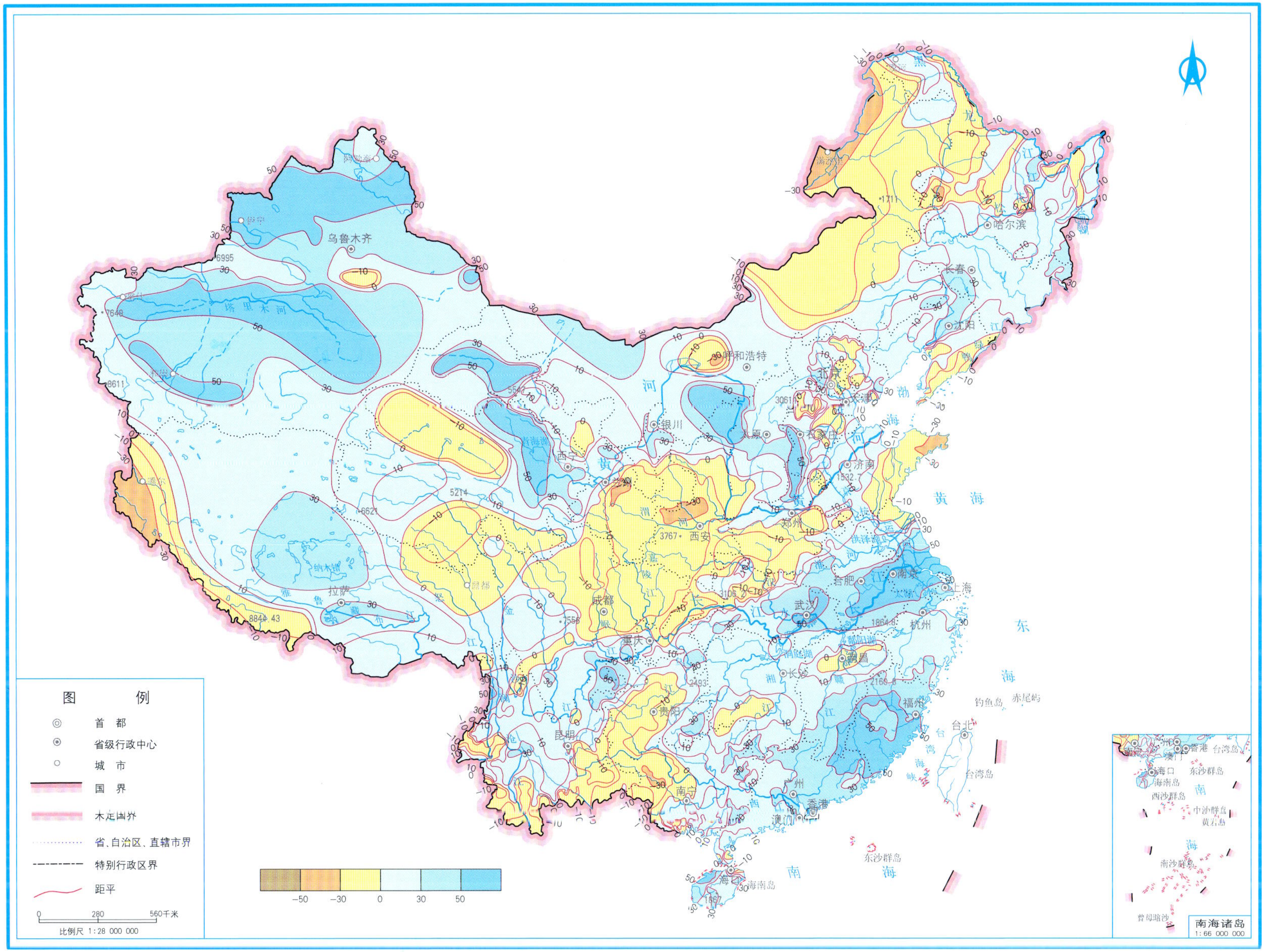

图2 2016年全国年降水量距平图（%）

注：本图未包括香港特别行政区、澳门特别行政区和台湾省的数据。

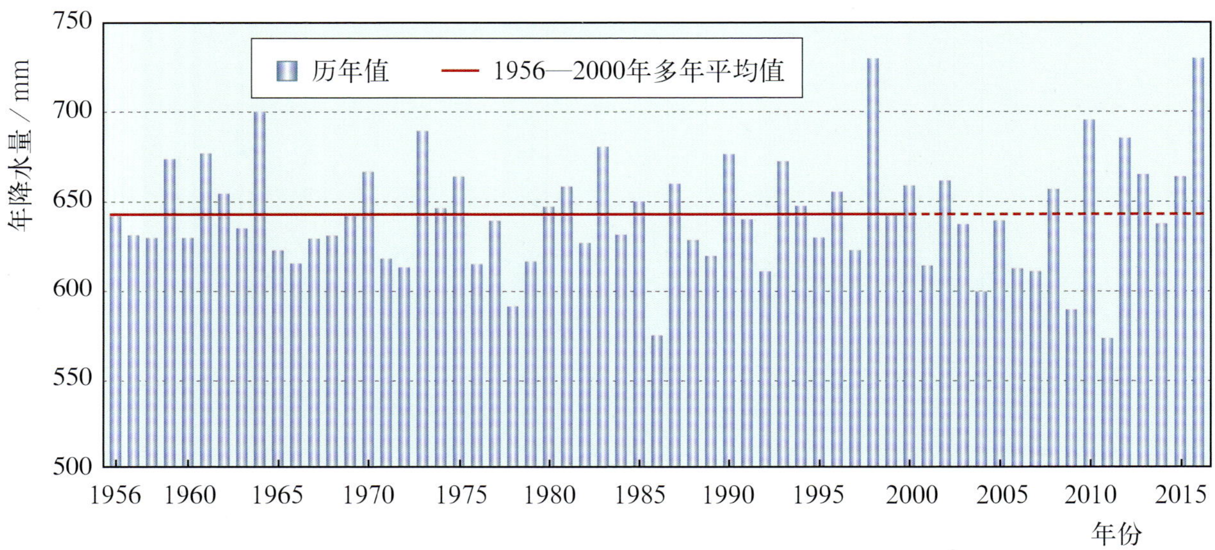

图3　1956—2016年全国年降水量变化图

表1 2016年各水资源一级区降水量与2015年和多年平均比较

水资源一级区	降水量/mm	与2015年比较/%	与多年平均比较/%	水资源一级区	降水量/mm	与2015年比较/%	与多年平均比较/%
全　国	730.0	10.5	13.6	淮河区	893.3	10.1	6.5
北方6区	371.1	14.9	13.1	长江区	1205.3	6.2	10.9
南方4区	1353.6	7.4	12.3	其中：太湖流域	1860.6	14.6	58.0
松花江区	523.7	3.7	3.8	东南诸河区	2249.3	9.5	35.5
辽河区	602.9	25.9	10.6	珠江区	1822.2	4.4	17.7
海河区	614.2	18.8	14.7	西南诸河区	1124.8	12.7	3.4
黄河区	482.4	17.2	8.2	西北诸河区	206.3	21.2	28.0

注：1.北方6区指松花江区、辽河区、海河区、黄河区、淮河区、西北诸河区。

2.南方4区指长江区（含太湖流域）、东南诸河区、珠江区、西南诸河区。

3.西北诸河区计算面积占北方6区的55.5%，长江区计算面积占南方4区的52.2%。

表2 2016年各省级行政区降水量与2015年和多年平均比较

省级行政区	降水量/mm	与2015年比较/%	与多年平均比较/%	省级行政区	降水量/mm	与2015年比较/%	与多年平均比较/%
全　国	730.0	10.5	13.6	河　南	787.1	11.8	2.0
北　京	660.0	13.6	10.3	湖　北	1423.4	20.9	20.6
天　津	622.1	16.0	8.2	湖　南	1668.9	3.7	15.1
河　北	595.9	16.7	12.1	广　东	2357.6	25.7	33.1
山　西	615.4	28.0	20.9	广　西	1631.6	−14.1	6.2
内蒙古	283.0	4.5	0.3	海　南	2341.5	66.8	33.9
辽　宁	755.4	33.7	11.4	重　庆	1236.8	18.0	4.5
吉　林	731.1	23.8	20.0	四　川	921.3	3.0	−5.9
黑龙江	564.2	1.5	5.8	贵　州	1213.7	−3.4	3.0
上　海	1566.3	−4.3	43.7	云　南	1295.9	4.5	1.3
江　苏	1410.5	12.2	41.8	西　藏	611.6	20.7	7.0
浙　江	1953.8	−5.2	22.0	陕　西	626.2	−0.6	−4.6
安　徽	1612.7	18.3	37.5	甘　肃	290.9	7.7	−3.4
福　建	2503.3	25.6	49.2	青　海	304.7	5.3	4.9
江　西	1996.7	−3.8	21.9	宁　夏	301.0	4.6	4.3
山　东	658.3	14.4	−3.1	新　疆	229.6	28.3	48.4

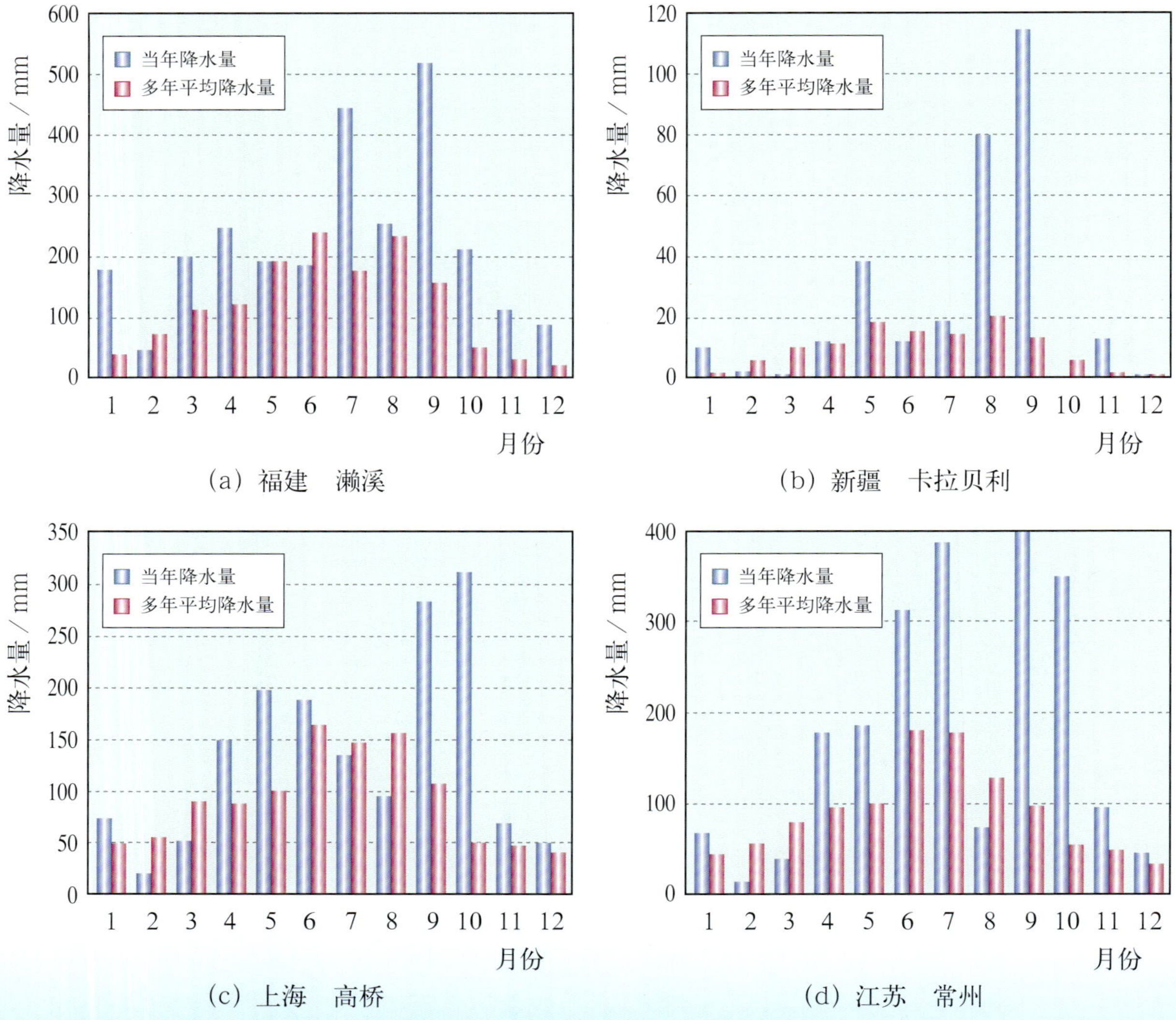

图4（1） 部分雨量站2016年及多年平均逐月降水量

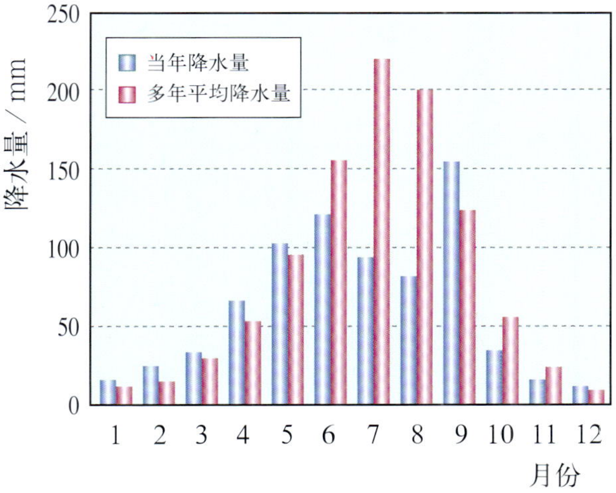

(e) 四川　登瀛岩

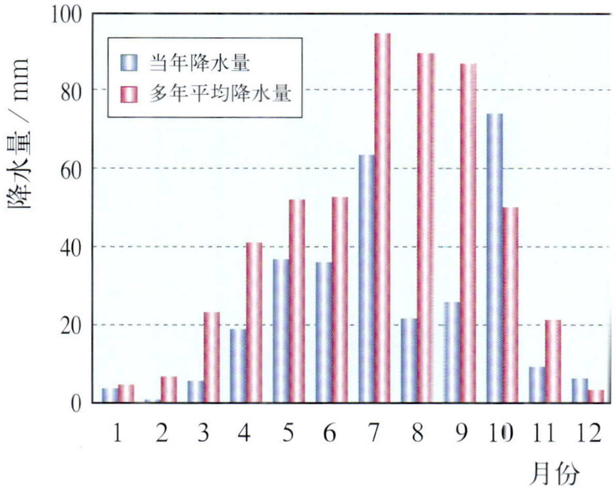

(f) 陕西　张家山

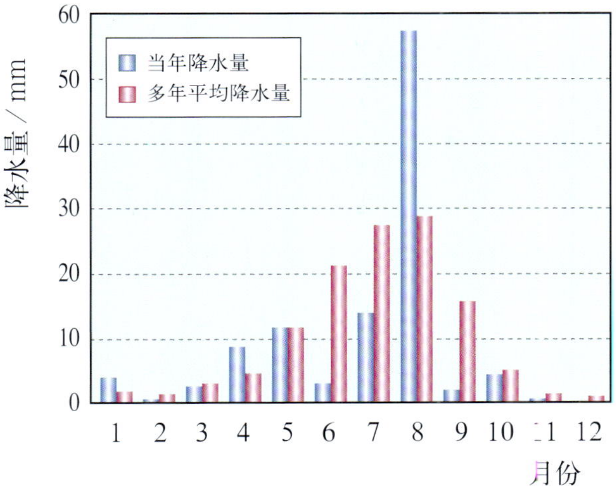

(g) 甘肃　张掖

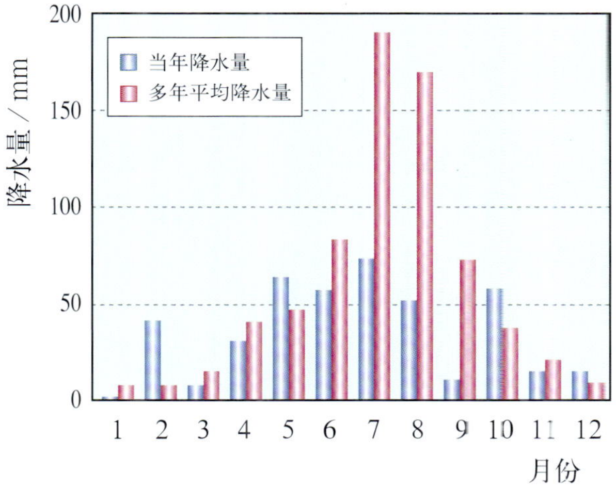

(h) 山东　莱阳

图4（2）　部分雨量站2016年及多年平均逐月降水量

(二)地表水资源量

2016年，全国地表水资源量31273.9亿m^3，折合年径流深330.3mm，比多年平均偏多17.1%，比2015年增加16.3%。

从水资源分区看，东南诸河区、西北诸河区、珠江区、长江区、淮河区和西南诸河区地表水资源量比多年平均偏多，其中东南诸河区、西北诸河区、珠江区分别偏多56.2%、27.6%和25.6%；黄河区、辽河区、海河区和松花江区地表水资源量比多年平均偏少，其中黄河区偏少21.3%。与2015年比较，10个水资源一级区地表水资源量均有不同程度的增加，其中海河区和辽河区分别增加88.2%和70.2%。2016年各水资源一级区地表水资源量与2015年和多年平均比较见表3。

表3　2016年各水资源一级区地表水资源量与2015年和多年平均比较

水资源一级区	地表水资源量/亿m³	与2015年比较/%	与多年平均比较/%	水资源一级区	地表水资源量/亿m³	与2015年比较/%	与多年平均比较/%
全　国	31273.9	16.3	17.1	淮河区	732.6	20.6	8.2
北方6区	4577.3	19.5	4.5	长江区	11796.7	15.8	19.7
南方4区	26696.6	15.7	19.6	其中：太湖流域	404.4	29.8	152.7
松花江区	1278.8	0.2	-1.3	东南诸河区	3102.1	22.3	56.2
辽河区	385.3	70.2	-5.6	珠江区	5913.4	11.1	25.6
海河区	204.0	88.2	-5.5	西南诸河区	5884.3	17.4	1.9
黄河区	481.0	10.6	-21.3	西北诸河区	1495.6	27.2	27.6

从行政分区看，18个省（自治区、直辖市）地表水资源量比多年平均偏多，其中江苏、上海、安徽和福建分别偏多128.7%、116.4%、80.8%和78.7%；贵州与多年平均基本持平；12个省（自治区、直辖市）地表水资源量比多年平均偏少，其中山东、甘肃、陕西和内蒙古4个省（自治区）偏少30%以上。2016年各省级行政区地表水资源量与多年平均比较见图5。

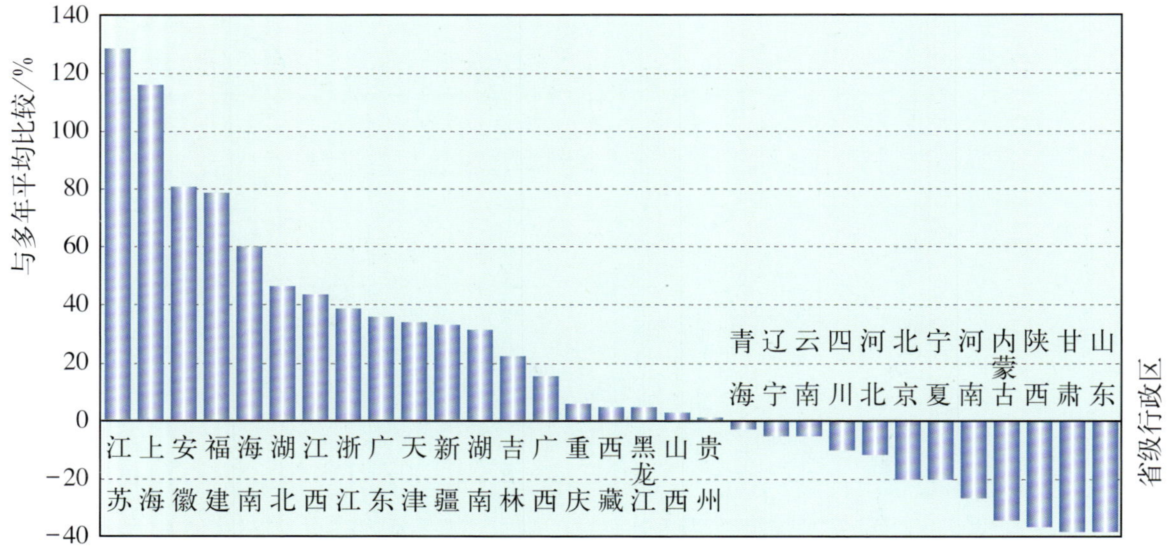

图5　2016年各省级行政区地表水资源量与多年平均比较图

从国境外流入我国境内的水量179.9亿m^3，从我国流出国境的水量6083.6亿m^3，流入界河的水量1124.6亿m^3。

全国入海水量20825.5亿m^3，其中辽河区入海水量124.6亿m^3，海河区69.3亿m^3，黄河区74.9亿m^3，淮河区524.5亿m^3，长江区11358.0亿m^3，东南诸河区2999.1亿m^3，珠江区5675.1亿m^3。与2015年相比，入海水量增加3224.6亿m^3，除黄河区入海水量减少51.7亿m^3外，其他水资源一级区均有不同程度的增加。

（三）地下水资源量

2016年，全国地下水资源量（矿化度≤2g/L）8854.8亿m^3，比多年平均偏多9.8%。其中，平原区地下水资源量1928.1亿m^3，山丘区地下水资源量7252.4亿m^3，平原区与山丘区之间的重复计算量325.7亿m^3。

全国平原浅层地下水总补给量2008.8亿m^3，南方4区平原浅层地下水计算面积占全国平原区面积的9%，地下水总补给量385.0亿m^3；北方6区计算面积占91%，地下水总补给量1623.8亿m^3。其中，松花江区地下水补给量270.6亿m^3，辽河区136.3亿m^3，海河区195.6亿m^3，黄河区161.8亿m^3，淮河区333.9亿m^3，西北诸河区525.6亿m^3。

（四）水资源总量

2016年，全国水资源总量为32466.4亿m^3，比多年平均偏多17.1%，比2015年增加16.1%。其中，地表水资源量31273.9亿m^3，地下水资源量8854.8亿m^3，地下水与地表水资源不重复量为1192.5亿m^3。全国水资源总量占降水总量47.3%，平均单位面积产水量为34.3万m^3/km^2。各水资源一级区水资源总量见表4，与多年平均比较见图6。各省级行政区水资源总量见表5，与多年平均比较见图7。

表4　2016年各水资源一级区水资源量

水资源一级区	降水量／mm	地表水资源量／亿m^3	地下水资源量／亿m^3	地下水与地表水资源不重复量／亿m^3	水资源总量／亿m^3
全　国	730.0	31273.9	8854.8	1192.5	32466.4
北方6区	371.1	4577.3	2704.4	1015.4	5592.7
南方4区	1353.6	26696.6	6150.4	177.1	26873.7
松花江区	523.7	1278.8	497.0	205.2	1484.0
辽河区	602.9	385.3	212.0	104.4	489.8
海河区	614.2	204.0	259.9	183.9	387.9
黄河区	482.4	481.0	354.9	120.7	601.8
淮河区	893.3	732.6	428.2	277.0	1009.5
长江区	1205.3	11796.7	2706.5	150.3	11947.1
其中：太湖流域	1860.6	404.4	68.0	34.8	439.2
东南诸河区	2249.3	3102.1	636.1	11.3	3113.4
珠江区	1822.2	5913.4	1394.7	15.5	5928.9
西南诸河区	1124.8	5884.3	1413.0	0.0	5884.3
西北诸河区	206.3	1495.6	952.4	124.2	1619.8

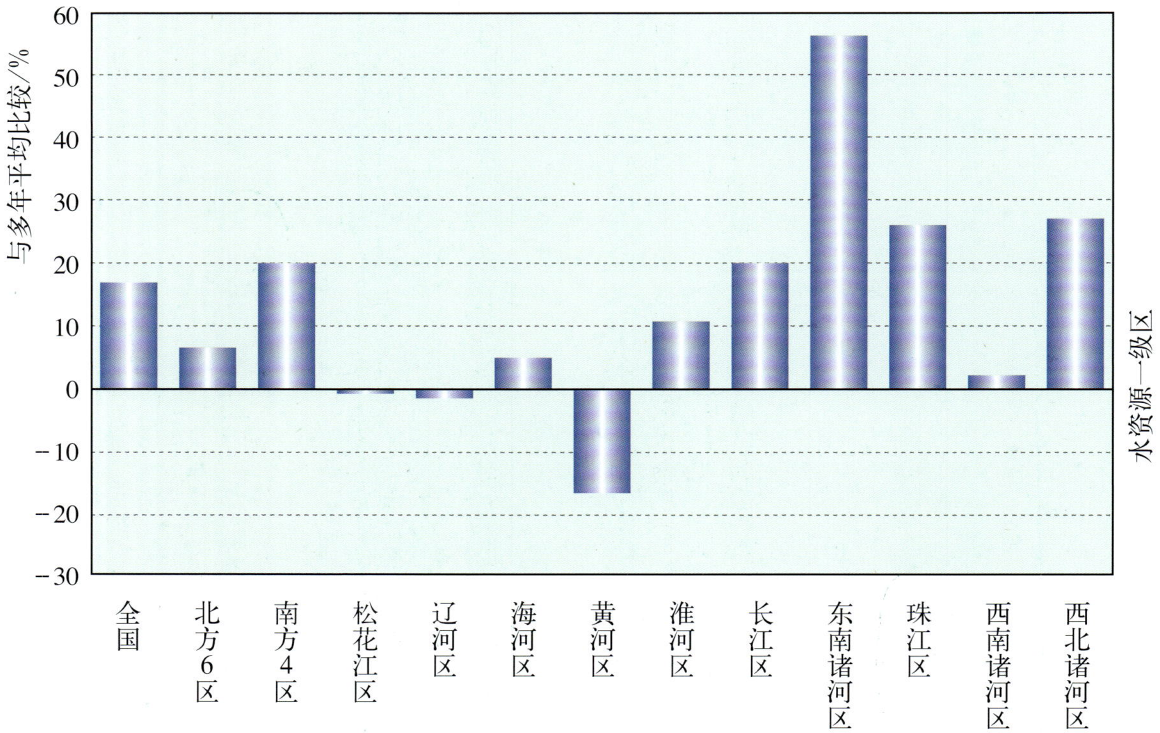

图6　2016年各水资源一级区水资源总量与多年平均比较图

表5　2016年各省级行政区水资源量

省级行政区	降水量/mm	地表水资源量/亿m³	地下水资源量/亿m³	地下水与地表水资源不重复量/亿m³	水资源总量/亿m³
全　国	730.0	31273.9	8854.8	1192.5	32466.4
北　京	660.0	14.0	24.2	21.1	35.1
天　津	622.1	14.1	6.1	4.8	18.9
河　北	595.9	105.9	133.7	102.4	208.3
山　西	615.4	88.9	104.9	45.3	134.1
内蒙古	283.0	268.5	248.2	158.0	426.5
辽　宁	755.4	286.2	120.9	45.5	331.6
吉　林	731.1	420.7	154.7	68.2	488.8
黑龙江	564.2	720.0	285.9	123.7	843.7
上　海	1566.3	52.7	11.3	8.4	61.0
江　苏	1410.5	605.8	164.0	136.0	741.7
浙　江	1953.8	1306.8	255.5	16.5	1323.3
安　徽	1612.7	1179.2	219.3	65.9	1245.2
福　建	2503.3	2107.1	450.7	1.9	2109.0
江　西	1996.7	2203.2	501.9	17.8	2221.1
山　东	658.3	121.2	164.8	99.1	220.3
河　南	787.1	220.1	190.2	117.2	337.3
湖　北	1423.4	1468.2	313.6	29.8	1498.0
湖　南	1668.9	2189.5	475.4	7.1	2196.6
广　东	2357.6	2448.5	570.0	10.1	2458.6
广　西	1631.6	2176.8	529.2	1.8	2178.6
海　南	2341.5	486.3	118.3	3.6	489.9
重　庆	1236.8	604.9	112.3	0.0	604.9
四　川	921.3	2339.7	593.3	1.2	2340.9
贵　州	1213.7	1066.1	251.3	0.0	1066.1
云　南	1295.9	2088.9	699.7	0.0	2088.9
西　藏	611.6	4642.2	1028.0	0.0	4642.2
陕　西	626.2	249.2	107.4	22.3	271.5
甘　肃	290.9	160.9	108.7	7.5	168.4
青　海	304.7	591.5	282.5	21.2	612.7
宁　夏	301.0	7.5	18.6	2.1	9.6
新　疆	229.6	1039.3	610.4	54.1	1093.4

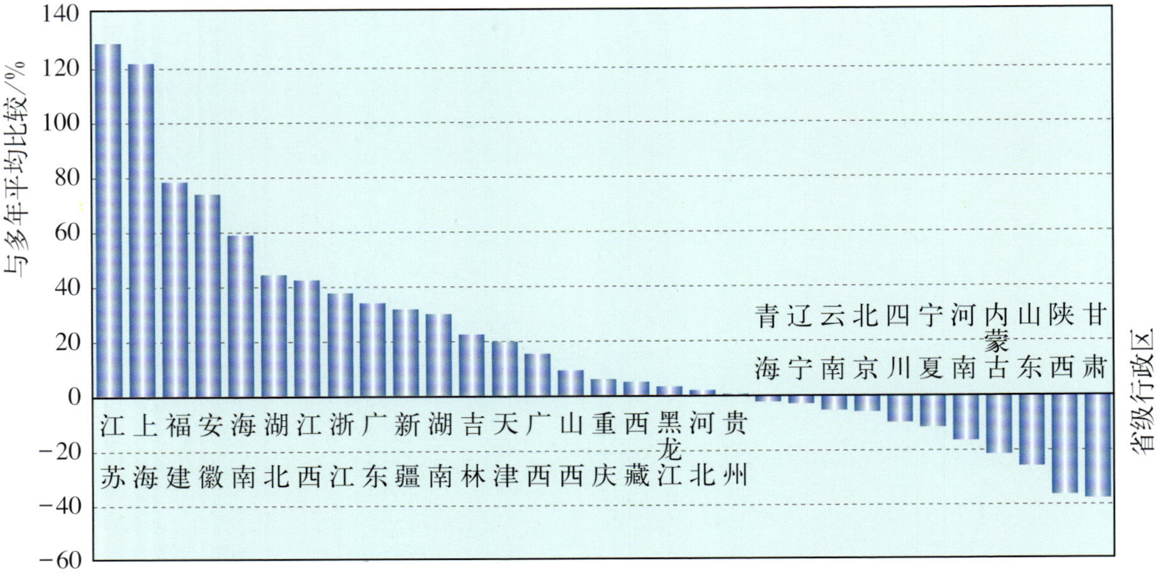

图7　2016年各省级行政区水资源总量与多年平均比较图

1956—2016年全国水资源总量变化过程见图8。与多年平均比较，全国水资源总量变化不大，1990—1999年偏多3.9%，2000—2009年偏少3.9%，2010—2016年偏多2.8%。南方4区1990—1999年偏多4.8%，2000—2009年偏少3.2%，2010—2016年偏多2.6%；北方6区1990—1999年接近多年平均值，2000—2009年偏少6.9%，2010—2016年则偏多3.5%。

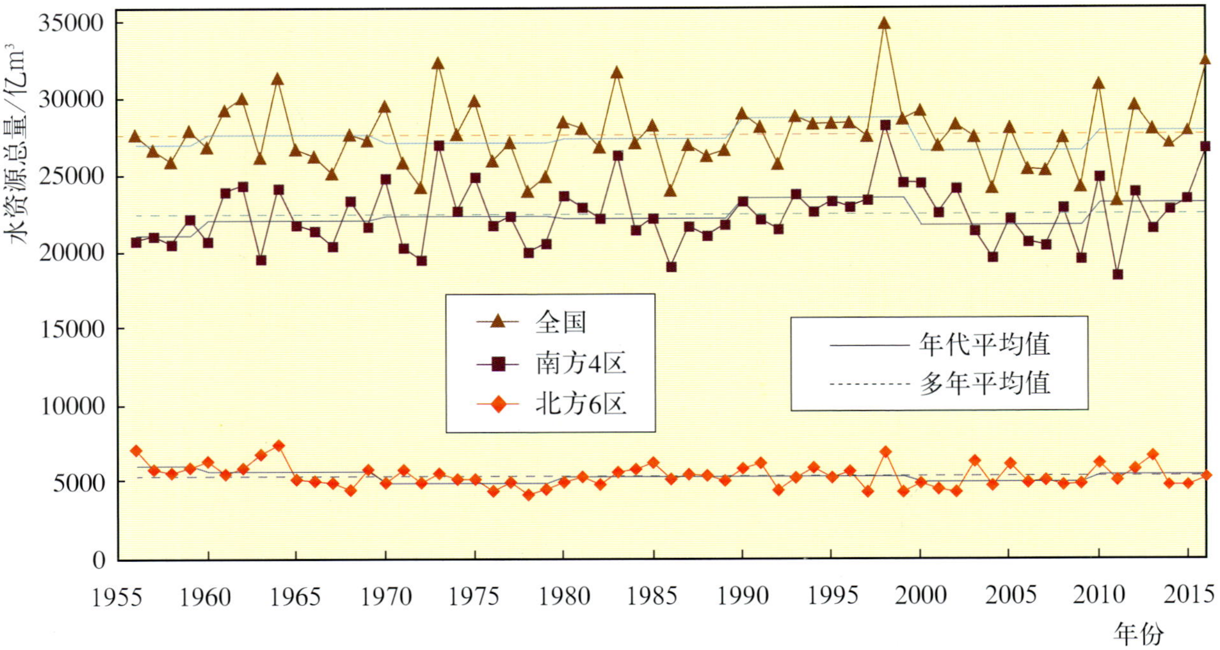

图8　1956—2016年全国水资源总量变化图

二、蓄水动态

（一）大中型水库蓄水动态

2016年，对全国639座大型水库和3410座中型水库进行统计，水库年末蓄水总量3953.7亿m³，比年初蓄水总量减少40.7亿m³。其中，大型水库年末蓄水量为3503.5亿m³，比年初减少36.8亿m³；中型水库年末蓄水量450.2亿m³，比年初减少3.9亿m³。

从水资源分区看，长江区、珠江区、东南诸河区和松花江区4个水资源一级区水库年末蓄水量减少，其中长江区减少76.2亿m³；其他6个水资源一级区均有不同程度的增加，其中海河区增加39.9亿m³。各水资源一级区大中型水库年蓄水变量见图9。

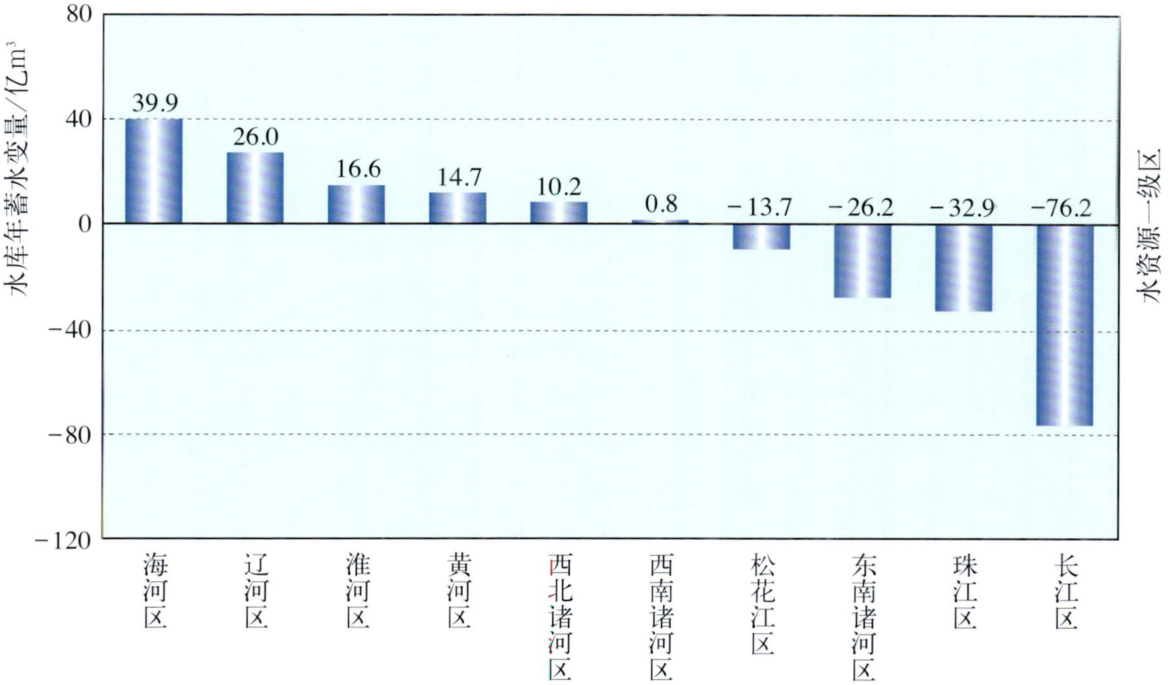

图9　2016年各水资源一级区大中型水库年蓄水变量图

从行政分区看，河北、海南和辽宁等18个省（自治区、直辖市）水库蓄水量增加，共增加蓄水量174.7亿m³；广西、贵州和四川等12个省（自治区）水库蓄水量减少，共减少蓄水量215.4亿m³。2016年各省级行政区大中型水库年蓄水变量见图10。

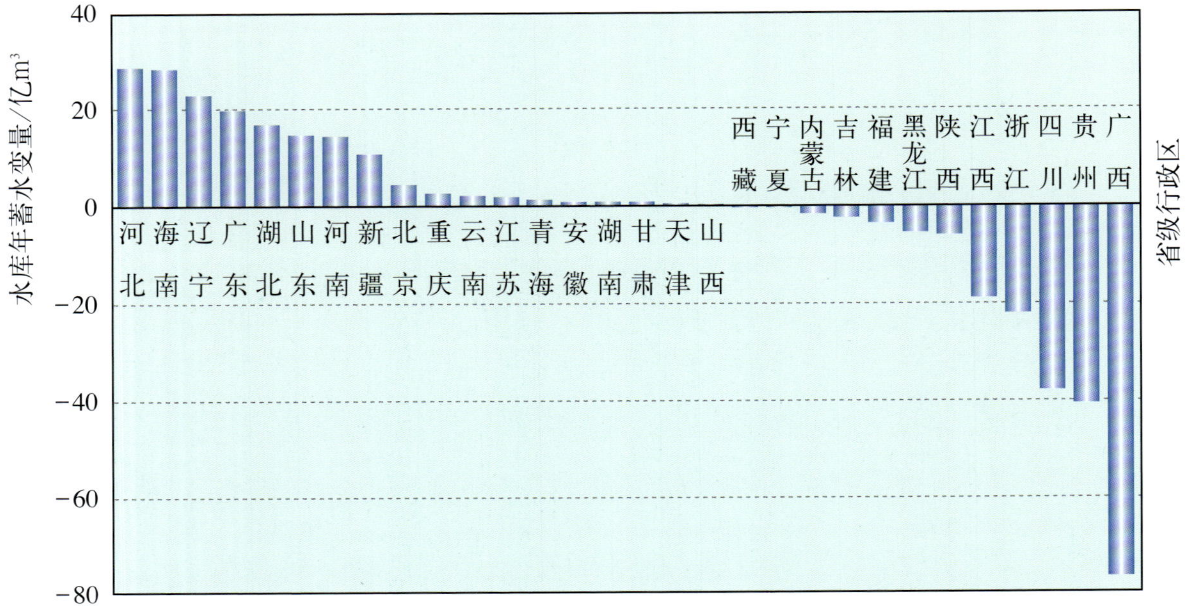

图10　2016年各省级行政区大中型水库年蓄水变量图

（二）湖泊蓄水动态

2016年，对29个水面面积在100km²及以上的湖泊进行统计，湖泊年末蓄水总量1301.1亿m³，比年初蓄水总量增加11.0亿m³。其中，青海湖、南四湖、洪泽湖分别增加14.5亿m³、8.0亿m³和7.6亿m³；鄱阳湖和太湖分别减少17.3亿m³和3.0亿m³。2016年水面面积200km²及以上湖泊蓄水量见表6。

表6 2016年水面面积200km²及以上湖泊蓄水量

湖泊	省级行政区	蓄水量/亿m³			水位/m		
		年初	年末	蓄水变量	年初	年末	水位变幅
查干湖	吉林	7.99	7.95	-0.04	130.80	130.79	-0.01
太　湖	江苏、浙江	54.40	51.40	-3.00	3.42	3.29	-0.13
洪泽湖	江苏	32.58	40.16	7.58	13.15	13.61	0.46
高邮湖	江苏	9.93	10.31	0.38	6.12	6.18	0.06
骆马湖	江苏	9.52	10.57	1.05	23.17	23.52	0.35
巢　湖	安徽	24.74	26.28	1.54	8.99	9.19	0.20
鄱阳湖	江西	29.40	12.10	-17.30	11.99	9.07	-2.92
南四湖	山东、江苏	7.68	15.63	7.95	33.33	34.42	1.09
洪　湖	湖北	4.37	4.96	0.59	24.31	24.48	0.17
梁子湖	湖北	7.31	7.77	0.46	17.61	17.78	0.17
洞庭湖	湖南	8.50	7.20	-1.30	22.16	21.05	-1.11
滇　池	云南	15.82	15.75	-0.06	1887.46	1887.44	-0.02
洱　海	云南	29.03	28.28	-0.75	1965.78	1965.48	-0.30
抚仙湖	云南	201.37	201.74	0.37	1720.27	1720.44	0.17
青海湖（咸水湖）	青海	806.80	821.30	14.50	3194.40	3194.73	0.33

（三）地下水动态

2016年，北方16个省级行政区对74万km²平原地下水开采区进行了统计分析。年末与年初相比，浅层地下水蓄变量67.0亿m³。其中，上升区（水位上升0.5m以上）面积占23.5%，地下水蓄变量为97.9亿m³；下降区（水位下降0.5m以上）面积占12.3%，地下水蓄变量为-39.2亿m³；相对稳定区（水位变幅在±0.5m以内）面积占64.2%，地下水蓄变量为8.3亿m³。

从水资源分区看，除西北诸河平原区地下水蓄变量为负值外，其他水资源一级区地下水蓄变量均为正值，其中海河区、淮河区和辽河区分别增加25.5亿m³、22.0亿m³和17.2亿m³。2016年北方各水资源一级区平原浅层地下水蓄变量见图11。

从行政分区看，11个省（自治区、直辖市）平原区地下水蓄变量为正值，其中河北、辽宁分别增加16.6亿m³和12.8亿m³；5个省（自治区）地下水蓄变量为负值，其中黑龙江减少2.9亿m³。2016年北方16个省级行政区平原浅层地下水蓄变量见图12。

2016年，在开展监测的超采区中，年末与年初相比，45.5%的超采区中心水位上升，54.5%的超采区中心水位下降。其中，中心水位上升10～15m的有河北唐山中型孔隙浅层地下水第2超采区、邯郸中型孔隙浅层地下水第1超采区和江苏盐城大型孔隙水超采区，分别上升14.5m、12.6m和11.8m；中心水位下降3～5m的有河北廊坊大型孔隙浅层地下水第3超采区、山东福山—牟平孔隙水浅层地下水超采区、安徽阜阳中型孔隙浅层地下水超采区1，分别下降5.0m、3.5m和3.0m。

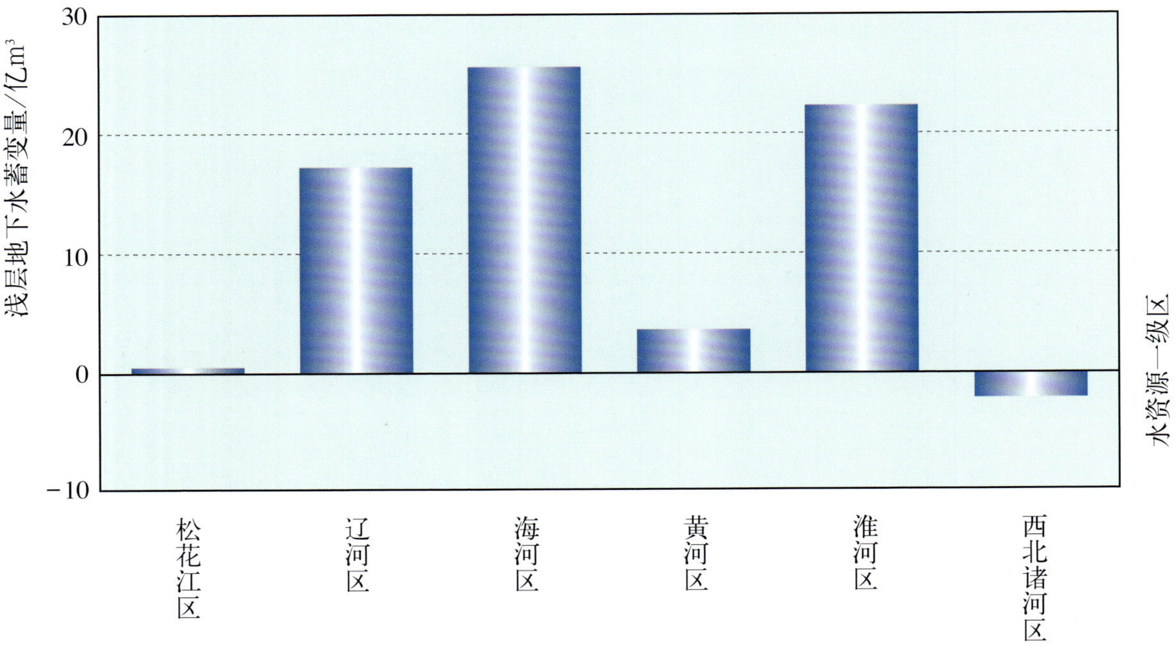

图11　2016年北方各水资源一级区平原浅层地下水蓄变量图

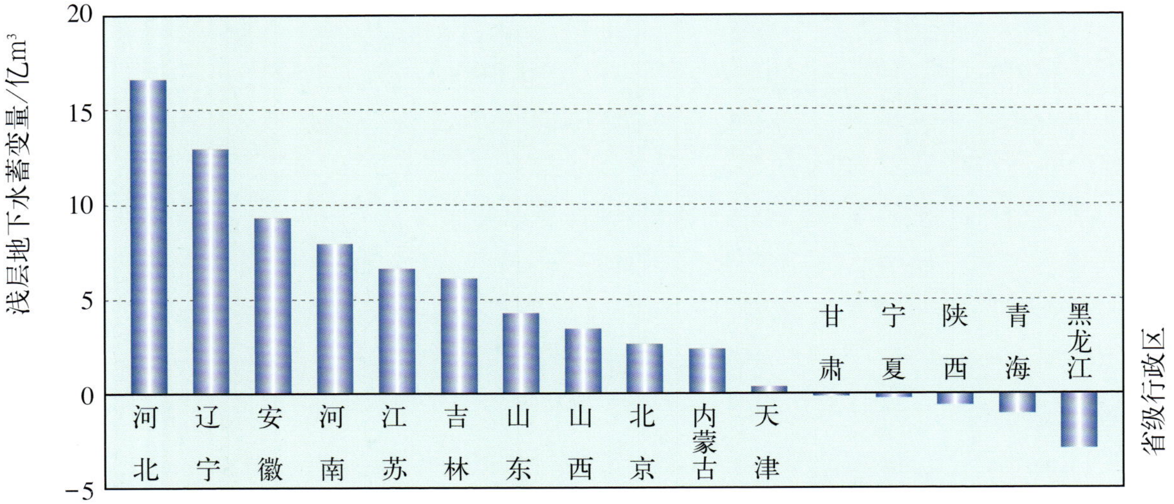

图12　2016年北方16个省级行政区平原浅层地下水蓄变量图

三、水资源开发利用

（一）供水量

2016年，全国供水总量6040.2亿m³，占当年水资源总量的18.6%。其中，地表水源供水量4912.4亿m³，占供水总量的81.3%；地下水源供水量1057.0亿m³，占供水总量的17.5%；其他水源供水量70.8亿m³，占供水总量的1.2%。与2015年相比，地表水源供水量减少57.1亿m³，地下水源供水量减少12.2亿m³，其他水源供水量增加6.3亿m³。

地表水源供水量中，蓄水工程供水量占33.4%，引水工程供水量占32.0%，提水工程供水量占30.8%，水资源一级区间调水量占3.8%。全国跨水资源一级区调水主要分布在黄河下游向其左、右两岸的海河区和淮河区调水，以及长江中下游向淮河区、黄河区和海河区的调水，详见表7。

表7　2016年水资源一级区之间跨流域调水量　　单位：亿m³

调出区	调入区						合计
	海河区	黄河区	淮河区	长江区	珠江区	西北诸河区	
海河区		0.03					0.03
黄河区	42.25		46.33			2.50	91.08
淮河区				6.13			6.13
长江区	21.78		65.64		0.48		87.90
珠江区				0.27			0.27
西南诸河区				0.64			0.64
合　计	64.03	0.03	111.97	7.04	0.48	2.50	136.05

地下水源供水量中，浅层地下水占92.6%，深层承压水占7.1%，微咸水占0.3%。

其他水源供水量中，主要为污水处理再生利用量和集雨工程利用量，分别占83.6%和11.6%。

全国海水直接利用量887.1亿m³，主要作为火（核）电的冷却用水。海水直接利用量较多的省份为广东、浙江、福建、辽宁、山东和江苏，分别为317.0亿m³、189.6亿m³、127.1亿m³、71.7亿m³、59.6亿m³和52.2亿m³，其余沿海省份大都也有一定数量的海水直接利用量。

2016年各水资源一级区供水量见表8，供水量组成见图13。2016年各省级行政区供水量见表9，供水量组成见图14。

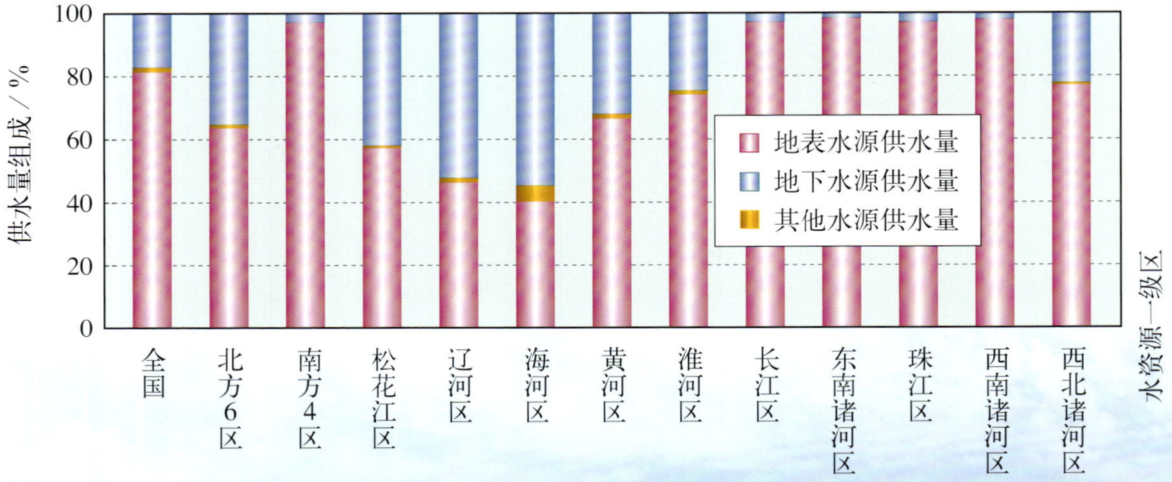

图13　2016年各水资源一级区供水量组成图

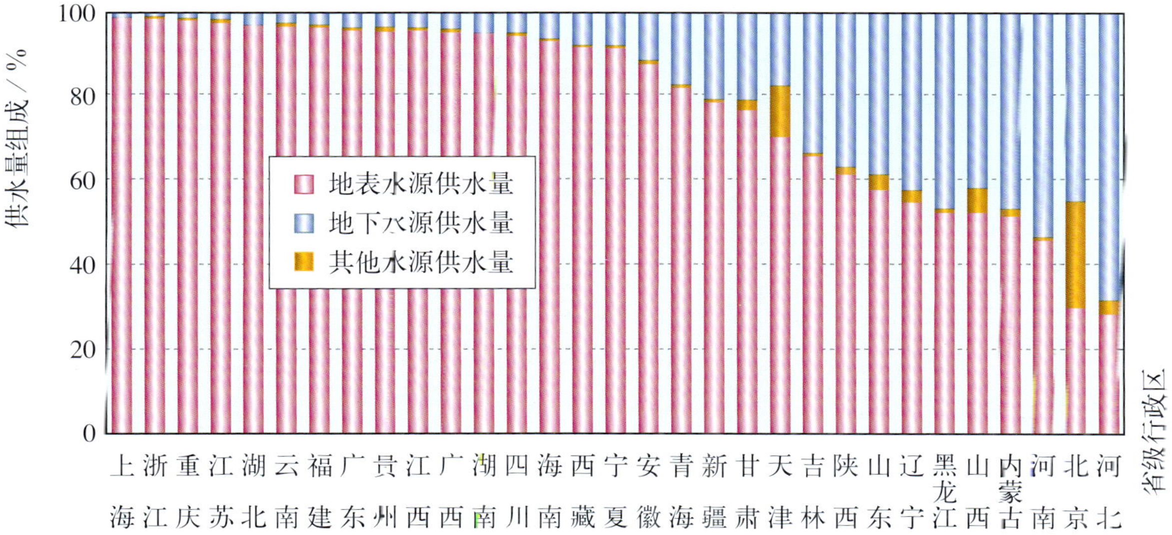

图14　2016年各省级行政区供水量组成图

（二）用水量

2016年，全国用水总量为6040.2亿m^3。其中，生活用水821.6亿m^3，占用水总量的13.6%；工业用水1308.0亿m^3，占用水总量的21.6%；农业用水3768.0亿m^3，占用水总量的62.4%；人工生态环境补水142.6亿m^3，占用水总量的2.4%。

与2015年相比，用水总量减少63.0亿m^3，其中，农业用水量减少84.2亿m^3，工业用水量减少26.8亿m^3，生活用水量及人工生态环境补水量分别增加28.1亿m^3和19.9亿m^3。

2016年各水资源一级区用水量见表8。2016年各省级行政区用水量和用水量组成见表9和图15。

表8　2016年各水资源一级区供水量和用水量　　单位：亿m^3

水资源一级区	供水量				用水量					
	地表水	地下水	其他	供水总量	生活	工业	其中：直流火（核）电	农业	人工生态环境补水	用水总量
全　国	4912.4	1057.0	70.8	6040.2	821.6	1308.0	480.8	3768.0	142.6	6040.2
北方6区	1748.4	947.3	53.2	2748.9	274.8	282.7	24.4	2089.6	101.8	2748.9
南方4区	3164.0	109.7	17.6	3291.3	546.8	1025.3	456.4	1678.4	40.8	3291.3
松花江区	282.1	216.9	1.6	500.7	29.0	40.8	12.7	416.0	15.0	500.7
辽河区	90.8	101.8	4.7	197.3	31.2	27.6	0.0	130.8	7.7	197.3
海河区	146.6	195.0	21.5	363.1	63.2	48.0	0.1	226.0	26.0	363.1
黄河区	257.7	121.3	11.5	390.4	46.5	55.6	0.0	272.7	15.6	390.4
淮河区	449.7	159.2	11.5	620.4	87.2	92.1	11.5	424.4	16.7	620.4
长江区	1957.9	68.6	12.2	2038.6	312.0	735.3	394.2	968.3	23.0	2038.6
其中：太湖流域	329.9	0.3	5.6	335.8	55.9	207.7	167.9	70.1	2.2	335.8
东南诸河区	304.2	6.5	1.4	312.2	66.4	101.9	8.8	136.4	7.5	312.2
珠江区	802.7	31.4	3.9	838.1	157.9	179.2	53.4	491.6	9.3	838.1
西南诸河区	99.0	3.2	0.1	102.4	10.5	8.8	0.0	82.0	1.0	102.4
西北诸河区	521.5	153.1	2.4	677.0	17.7	18.7	0.2	619.7	20.9	677.0

注：人工生态环境补水不包括太湖的引江济太调水1.4亿m^3，浙江的环境配水25.6亿m^3和新疆的塔里木河向大西海子以下河道输送生态水、向塔里木河沿线胡杨林生态供水、阿勒泰地区向乌伦古湖及科克苏湿地补水17.4亿m^3。

表9 2016年各省级行政区供水量和用水量

单位：亿m³

省级行政区	供水量				用水量					
	地表水	地下水	其他	供水总量	生活	工业	其中：直流火（核）电	农业	人工生态环境补水	用水总量
全　国	4912.4	1057.0	70.8	6040.2	821.6	1308.0	480.8	3768.0	142.6	6040.2
北　京	11.3	17.5	10.0	38.8	17.8	3.8	0.0	6.0	11.1	38.8
天　津	19.1	4.7	3.4	27.2	5.6	5.5	0.0	12.0	4.1	27.2
河　北	51.5	125.0	6.0	182.6	25.9	21.9	0.1	128.0	6.7	182.6
山　西	39.5	31.7	4.4	75.5	12.6	12.9	0.0	46.7	3.3	75.5
内蒙古	98.3	88.8	3.2	190.3	10.6	17.4	0.2	139.2	23.1	190.3
辽　宁	74.3	57.0	4.2	135.4	25.3	19.6	0.0	84.9	5.6	135.4
吉　林	87.2	44.9	0.4	132.5	14.3	20.9	5.0	91.1	6.3	132.5
黑龙江	184.8	166.8	1.0	352.6	15.6	20.6	7.7	313.8	2.5	352.5
上　海	104.8	0.0	0.0	104.8	25.1	64.4	54.0	14.5	0.8	104.8
江　苏	561.0	8.9	7.5	577.4	56.1	248.5	200.9	270.8	2.0	577.4
浙　江	178.5	1.6	1.1	181.1	46.3	48.4	0.9	81.0	5.5	181.1
安　徽	256.1	32.0	2.5	290.7	33.4	93.1	53.0	158.6	5.6	290.7
福　建	182.8	5.6	0.7	189.1	33.1	68.6	8.2	84.2	3.1	189.1
江　西	235.1	8.2	2.1	245.4	28.5	60.5	15.1	154.2	2.2	245.4
山　东	123.3	82.3	8.4	214.0	34.2	30.6	0.0	141.5	7.6	214.0
河　南	105.0	119.8	2.8	227.6	38.7	50.3	4.5	125.6	13.0	227.6
湖　北	273.1	8.8	0.0	282.0	52.4	91.4	38.9	137.0	1.1	282.0
湖　南	315.1	15.2	0.1	330.4	43.5	89.0	33.0	195.1	2.8	330.4
广　东	418.8	14.3	1.8	435.0	99.9	109.2	36.3	220.5	5.4	435.0
广　西	278.0	11.5	1.1	290.6	39.7	49.8	16.1	198.3	2.7	290.6
海　南	41.9	2.9	0.2	45.0	8.3	3.1	0.0	33.1	0.5	45.0
重　庆	76.0	1.4	0.2	77.5	20.2	30.7	3.8	25.5	1.1	77.5
四　川	253.9	12.0	1.4	267.3	49.8	55.8	0.3	155.9	5.8	267.3
贵　州	96.5	3.1	0.8	100.3	17.4	25.7	2.3	56.4	0.9	100.3
云　南	145.3	3.7	1.2	150.2	21.1	21.1	0.4	105.2	2.8	150.2
西　藏	28.6	2.5	0.0	31.1	2.5	1.5	0.0	26.9	0.3	31.1
陕　西	55.5	33.3	2.0	90.8	16.4	13.7	0.0	57.6	3.1	90.8
甘　肃	90.5	24.8	3.0	118.4	8.3	11.1	0.0	94.7	4.1	118.4
青　海	21.5	4.8	0.1	26.4	2.8	2.6	0.0	19.9	1.1	26.4
宁　夏	59.4	5.3	0.2	64.9	2.2	4.4	0.0	56.3	2.0	64.9
新　疆	445.9	118.6	0.9	565.4	13.9	11.7	0.1	533.3	6.5	565.4

注：人工生态环境补水不包括太湖的引江济太调水1.4亿m³，浙江的环境配水25.6亿m³和新疆的塔里木河向大西海子以下河道输送生态水、向塔里木河沿线胡杨林生态供水、阿勒泰地区向乌伦古湖及科克苏湿地补水17.4亿m³。

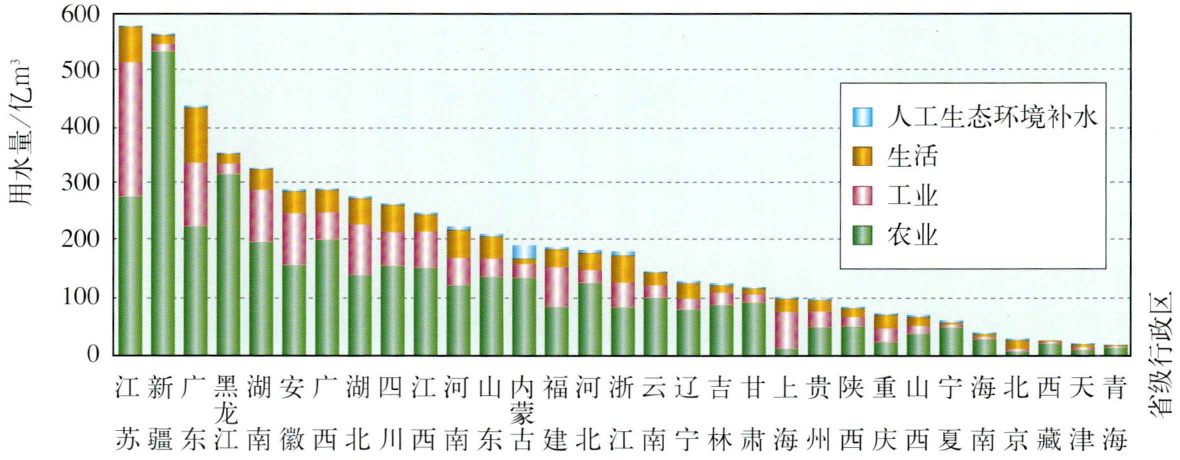

图15 2016年各省级行政区用水量组成图

根据1997年以来《中国水资源公报》统计，全国用水总量总体呈缓慢上升趋势，2013年后基本持平且略有下降。其中生活用水呈持续增加态势，工业用水从总体增加转为逐渐趋稳，近年来略有下降；农业用水受气候和实际灌溉面积的影响上下波动。生活和工业用水占用水总量的比例逐渐增加，农业用水占用水总量的比例则有所减少。1997—2016年全国用水量变化见图16。

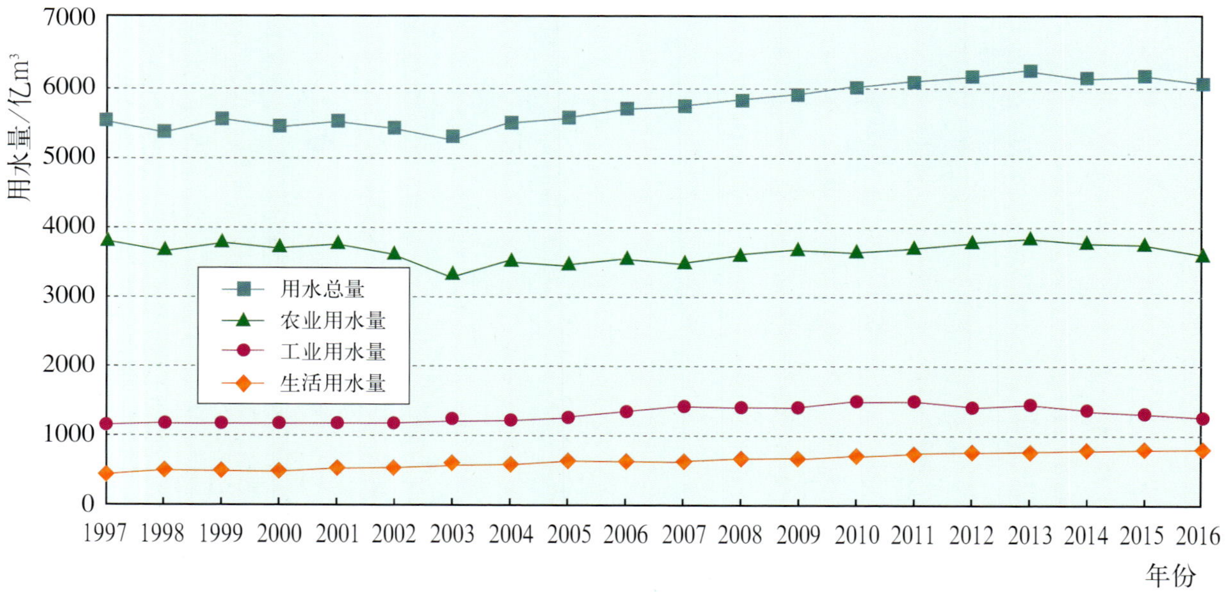

图16 1997—2016年全国用水量变化图

按居民生活用水、生产用水、人工生态环境补水划分，2016年全国城镇和农村居民生活用水占9.6%，生产用水占88.0%，人工生态环境补水占2.4%。在生产用水中，第一产业用水占用水总量的62.3%，第二产业用水占22.4%，第三产业用水占3.3%。

（三）耗排水量

2016年，全国耗水总量3192.9亿m^3，耗水率52.9%。农业灌溉耗水量2433.1亿m^3，占耗水总量的76.2%，耗水率64.6%；工业耗水量300.6亿m^3，占耗水总量的9.4%，耗水率23.0%；生活耗水量346.0亿m^3，占耗水总量的10.8%，耗水率42.1%；人工生态环境补水耗水量113.2亿m^3，占耗水总量的3.6%，耗水率79.4%。

全国废污水排放总量765亿t，其中大于30亿t的有江苏、浙江、安徽、福建、江西、河南、湖北、湖南、广东、广西、四川11个省（自治区），小于10亿t的有天津、山西、内蒙古、海南、西藏、甘肃、青海、宁夏和新疆9个省（自治区、直辖市）。

（四）用水指标

2016年，全国人均综合用水量438m^3，万元国内生产总值（当年价）用水量81m^3。耕地实际灌溉亩均用水量380m^3，农田灌溉水有效利用系数0.542，万元工业增加值（当年价）用水量52.8m^3，城镇人均生活用水量（含公共用水）220L/d，农村居民人均生活用水量86L/d。2016年各水资源一级区、各省级行政区主要用水指标分别见表10和表11。

表10　2016年各水资源一级区主要用水指标

水资源一级区	人均国内生产总值/万元	人均综合用水量/m^3	万元国内生产总值用水量/m^3	耕地实际灌溉亩均用水量/m^3	人均生活用水量/(L/d)		
					城镇生活	居民	农村居民
全　国	5.376	438	81	380	220	136	86
松花江区	4.666	781	167	390	165	115	70
辽河区	4.850	347	72	297	191	115	79
海河区	6.056	237	39	210	140	92	72
黄河区	5.040	328	65	324	142	96	62
淮河区	5.418	308	57	236	150	105	79
长江区	5.719	447	78	411	259	153	90
其中：太湖流域	11.940	557	46	405	291	155	109
东南诸河区	7.652	386	50	430	281	154	118
珠江区	5.831	443	76	720	300	186	120
西南诸河区	2.050	467	228	443	222	133	75
西北诸河区	4.202	2028	483	586	211	139	80

水资源一级区	万元工业增加值用水量/m^3
全　国	52.8
松花江区	90.5
辽河区	34.8
海河区	14.8
黄河区	24.7
淮河区	28.0
长江区	100.9
其中：太湖流域	184.4
东南诸河区	40.8
珠江区	42.7
西南诸河区	80.3
西北诸河区	42.6

注：1.万元国内生产总值用水量和万元工业增加值用水量指标按当年价格计算。

2.本表计算中所使用的人口数字为年平均人口数。

3.本表中“人均生活用水量”中的“城镇生活”包括居民家庭生活用水和公共用水（含第三产业及建筑业等用水），“居民”仅包括居民家庭生活用水。

表11　2016年各省级行政区主要用水指标

省级行政区	人均国内生产总值/万元	人均综合用水量/m³	万元国内生产总值用水量/m³	耕地实际灌溉亩均用水量/m³	农田灌溉水有效利用系数	人均生活用水量/(L/d)			万元工业增加值用水量/m³
						城镇生活	城镇居民	农村居民	
全　国	5.376	438	81	380	0.542	220	136	86	52.8
北　京	11.459	179	16	225	0.723	244	138	104	9.9
天　津	11.449	174	15	236	0.695	108	75	48	7.6
河　北	4.274	245	57	217	0.671	153	103	59	16.6
山　西	3.512	205	58	188	0.534	122	92	58	32.0
内蒙古	7.407	756	102	326	0.532	140	91	77	22.4
辽　宁	5.034	309	61	358	0.588	197	118	79	29.2
吉　林	5.447	485	89	325	0.571	194	129	78	33.6
黑龙江	4.043	927	229	404	0.595	146	109	64	56.0
上　海	11.351	433	38	439	0.736	312	158	84	90.2
江　苏	9.512	722	76	410	0.605	237	143	98	83.7
浙　江	8.316	324	39	347	0.587	280	148	119	26.9
安　徽	3.909	471	121	280	0.528	203	133	87	94.0
福　建	7.362	488	66	553	0.537	300	164	120	59.5
江　西	3.999	534	134	551	0.496	234	164	97	81.6
山　东	6.769	216	32	173	0.634	110	76	72	11.5
河　南	4.213	239	57	166	0.604	158	121	67	29.9
湖　北	5.488	479	87	320	0.505	352	163	94	74.6
湖　南	4.580	484	106	513	0.505	247	154	94	79.6
广　东	7.229	395	55	748	0.487	299	191	135	34.2
广　西	3.771	601	159	840	0.477	330	193	127	73.7
海　南	4.410	490	111	990	0.565	352	196	110	65.5
重　庆	5.760	254	44	332	0.484	238	165	87	50.9
四　川	3.956	323	82	394	0.461	241	162	91	48.3
贵　州	3.301	282	85	389	0.458	221	116	65	69.7
云　南	3.117	315	101	377	0.460	176	123	76	52.7
西　藏	3.479	941	271	587	0.426	573	212	53	164.3
陕　西	5.027	238	47	287	0.560	148	107	81	18.3
甘　肃	2.740	453	165	487	0.547	148	76	39	64.5
青　海	4.335	445	103	565	0.492	190	101	63	28.4
宁　夏	4.667	961	206	688	0.511	138	86	28	42.1
新　疆	4.010	2358	588	608	0.535	233	159	89	44.4

注：1.万元国内生产总值用水量和万元工业增加值用水量指标按当年价格计算。
2.本表计算中所使用的人口数字为年平均人口数。
3.本表中“人均生活用水量”中的“城镇生活”包括居民家庭生活用水和公共用水（含第三产业及建筑业等用水），“居民”仅包括居民家庭生活用水。

根据1997年以来《中国水资源公报》统计，用水效率明显提高，全国万元国内生产总值用水量和万元工业增加值用水量均呈显著下降趋势，耕地实际灌溉亩均用水量总体上呈缓慢下降趋势，人均综合用水量基本维持在400～450m³之间。1997—2016年全国主要用水指标变化见图17。2016年与1997年比较，耕地实际灌溉亩均用水量由492m³下降到380m³；按2000年可比价计算，万元国内生产总值用水量由702m³下降到144m³，19年间下降了80%；万元工业增加值用水量由363m³下降到72m³，19年间下降了80%。与2015年相比，万元国内生产总值用水量和万元工业增加值用水量分别下降7.2%和7.6%（按可比价计算）。

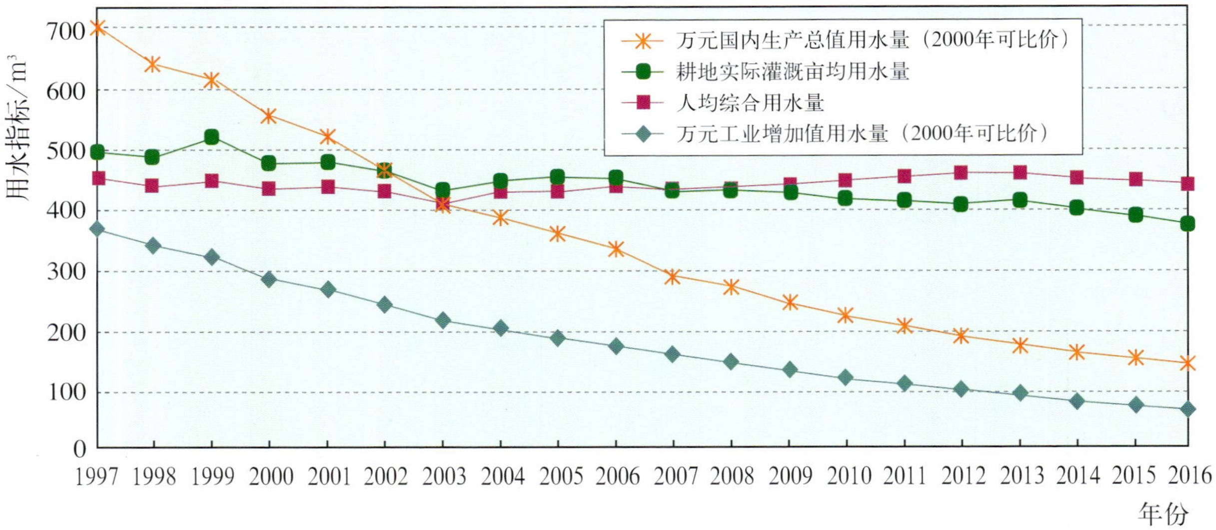

图17　1997—2016年全国主要用水指标变化图

四、水资源质量

（一）河流水质

2016年，对全国23.5万km的河流水质状况进行了评价，Ⅰ～Ⅲ类水河长占76.9%，劣Ⅴ类水河长占9.8%，主要污染项目是氨氮、总磷、化学需氧量。与2015年同比，Ⅰ～Ⅲ类水河长比例上升3.5个百分点，劣Ⅴ类水河长比例下降1.7个百分点。

2016年各水资源一级区、各省级行政区河流水质状况分别见表12和表13。

表12　2016年各水资源一级区河流水质状况

水资源一级区	评价河长/km	分类河长占评价河长百分比/%						
		Ⅰ类	Ⅱ类	Ⅲ类	Ⅳ类	Ⅴ类	劣Ⅴ类	Ⅰ~Ⅲ类
全　国	235218.8	6.5	48.3	22.1	9.6	3.7	9.8	76.9
松花江区	16239.5	0.4	17.2	49.1	21.5	4.2	7.6	66.7
辽河区	5974.2	0.0	37.8	19.0	18.2	5.4	19.6	56.8
海河区	15565.2	1.4	20.7	11.8	14.7	6.8	44.6	33.9
黄河区	20503.9	9.0	53.5	6.0	7.4	4.6	19.5	68.5
淮河区	23639.3	0.3	11.9	37.9	22.1	8.2	19.6	50.1
长江区	70456.1	7.4	49.4	25.9	8.8	3.7	4.8	82.7
其中：太湖流域	6295.5	0.0	6.8	21.3	45.0	18.3	8.6	28.1
东南诸河区	12191.6	4.7	68.8	19.9	4.3	1.2	1.1	93.4
珠江区	27592.3	3.2	67.1	17.6	4.7	2.4	5.0	87.9
西南诸河区	21338.4	6.1	72.1	20.0	0.8	0.3	0.7	98.2
西北诸河区	21718.3	23.4	67.0	4.9	3.4	0.8	0.5	95.3

表13　2016年各省级行政区河流水质状况

省级行政区	评价河长/km	分类河长占评价河长百分比/%						
		I类	II类	III类	IV类	V类	劣V类	I~III类
全　国	235218.8	6.5	48.3	22.1	9.6	3.7	9.8	76.9
北　京	556.3	0.0	71.7	9.8	0.0	0.0	18.5	81.5
天　津	1722.0	0.0	3.8	2.8	10.7	12.8	69.9	6.6
河　北	9497.7	2.3	26.5	14.0	11.4	4.5	41.3	42.8
山　西	1712.3	0.0	36.9	3.8	11.9	7.5	39.9	40.7
内蒙古	8880.5	0.0	29.6	40.6	17.9	7.6	4.3	70.2
辽　宁	2411.6	0.0	34.0	9.4	17.6	6.5	32.5	43.4
吉　林	6141.7	1.2	26.3	35.3	19.7	1.9	15.6	62.8
黑龙江	6819.0	0.0	14.8	50.9	24.4	4.9	5.0	65.7
上　海	812.6	0.0	9.0	43.4	22.0	14.2	11.4	52.4
江　苏	18599.5	0.0	4.1	40.1	30.1	10.6	15.1	44.2
浙　江	2926.4	6.3	47.9	23.0	18.6	2.4	1.8	77.2
安　徽	7673.9	0.0	36.1	27.4	20.7	5.0	10.8	63.5
福　建	10992.3	4.1	66.7	21.7	4.3	1.3	1.9	92.5
江　西	6139.6	1.4	78.0	16.0	3.7	0.9	0.0	95.4
山　东	9625.7	0.7	17.6	25.8	21.0	8.7	26.2	44.1
河　南	5830.0	2.2	25.9	20.6	12.4	9.6	29.3	48.7
湖　北	10426.2	5.1	51.2	30.1	3.8	4.5	5.3	86.4
湖　南	10100.9	5.1	56.4	36.7	1.8	0.0	0.0	98.2
广　东	10426.1	0.6	52.5	27.9	7.1	3.0	8.9	81.0
广　西	7550.6	9.1	83.7	4.0	2.0	0.9	0.3	96.8
海　南	1985.0	0.0	84.2	11.3	3.1	1.4	0.0	95.5
重　庆	1279.5	0.0	31.6	68.4	0.0	0.0	0.0	100.0
四　川	10313.4	5.7	64.5	19.6	6.9	1.9	1.4	89.8
贵　州	7443.8	0.0	74.0	13.8	2.9	2.7	6.6	87.8
云　南	21089.5	6.1	62.1	21.5	2.9	1.9	5.5	89.7
西　藏	9279.0	0.8	74.8	24.3	0.0	0.0	0.1	99.9
陕　西	5862.7	3.6	65.3	7.3	8.3	6.4	9.1	76.2
甘　肃	10032.9	0.0	64.3	14.4	3.0	2.3	16.0	78.7
青　海	12060.9	59.9	34.3	3.0	0.4	0.9	1.5	97.2
宁　夏	2118.2	0.9	30.0	4.0	21.6	2.2	41.3	34.9
新　疆	14909.0	19.1	77.2	0.3	3.1	0.0	0.3	96.6

（二）湖泊水质

2016年，对118个湖泊共3.1万km^2水面进行了水质评价。全年总体水质为Ⅰ～Ⅲ类的湖泊有28个，Ⅳ～Ⅴ类湖泊69个，劣Ⅴ类湖泊21个，分别占评价湖泊总数的23.7%、58.5%和17.8%。主要污染项目是总磷、化学需氧量和氨氮。水面面积100km^2及以上湖泊水质及营养状况见表14。

湖泊营养状况评价结果显示，中营养湖泊占21.4%；富营养湖泊占78.6%。在富营养湖泊中，轻度富营养湖泊占62.0%，中度富营养湖泊占38.0%。

与2015年同比，Ⅰ～Ⅲ类水质湖泊的个数比例下降0.9个百分点，富营养湖泊比例持平。

表14　水面面积100km^2及以上湖泊水质及营养状况

湖泊	省级行政区	水质类别	营养状况
白洋淀	河北	Ⅴ	中度富营养
呼伦湖	内蒙古	劣Ⅴ	/
乌梁素海	内蒙古	劣Ⅴ	/
查干湖	吉林	Ⅴ	中度富营养
太湖	江苏、浙江	Ⅴ	中度富营养
宝应湖	江苏	Ⅳ	轻度富营养
洪泽湖	江苏	Ⅴ	轻度富营养
滆湖	江苏	Ⅴ	中度富营养
石臼湖	江苏、安徽	Ⅳ	轻度富营养
邵伯湖	江苏	Ⅳ	轻度富营养
骆马湖	江苏	Ⅳ	中营养

续表

湖泊	省级行政区	水质类别	营养状况
高邮湖	江苏	Ⅳ	轻度富营养
南漪湖	安徽	Ⅳ	轻度富营养
城东湖	安徽	Ⅳ	轻度富营养
城西湖	安徽	Ⅳ	轻度富营养
大官湖黄湖	安徽	Ⅳ	中营养
女山湖	安徽	Ⅳ	轻度富营养
巢湖	安徽	Ⅴ	中度富营养
泊湖	安徽	Ⅲ	中营养
瓦埠湖	安徽	Ⅴ	轻度富营养
菜子湖	安徽	Ⅳ	轻度富营养
龙感湖	安徽、湖北	Ⅴ	轻度富营养
鄱阳湖	江西	Ⅳ	中营养
东平湖	山东	Ⅲ	轻度富营养
南四湖	山东、江苏	Ⅲ	轻度富营养
斧头湖	湖北	Ⅳ	轻度富营养
梁子湖	湖北	Ⅳ	轻度富营养
洪湖	湖北	Ⅳ	轻度富营养
长湖	湖北	Ⅴ	轻度富营养
洞庭湖	湖南	Ⅳ	轻度富营养
抚仙湖	云南	Ⅱ	中营养
洱海	云南	Ⅲ	中营养
滇池	云南	Ⅴ	中度富营养
佩枯错	西藏	劣Ⅴ	中营养
普莫雍错	西藏	Ⅱ	中营养
班公错	西藏	Ⅱ	中营养
纳木错	西藏	劣Ⅴ	中营养
羊卓雍错	西藏	劣Ⅴ	中营养
克鲁克湖	青海	Ⅱ	中营养
青海湖	青海	Ⅱ	中营养
乌伦古湖	新疆	劣Ⅴ	中营养

注：1．“/”表示未开展富营养化监测。

2．西藏纳木错的主要污染物是氟化物和pH；羊卓雍错的主要污染物是总磷和pH；佩枯错的主要污染物是氟化物、镉和pH。

（三）水库水质

2016年，对全国324座大型水库、516座中型水库及103座小型水库，共943座水库进行了水质评价。全年总体水质为Ⅰ～Ⅲ类的水库有825座，Ⅳ～Ⅴ类水库88座，劣Ⅴ类水库30座，分别占评价水库总数的87.5%、9.3%和3.2%。主要污染项目是总磷、高锰酸盐指数、氨氮等。其中大型水库Ⅰ～Ⅲ类及劣Ⅴ类的比例分别是87.9%和2.5%。

水库营养状况评价结果显示，中营养水库占71.2%，富营养水库占28.8%。在富营养水库中，轻度富营养水库占86.3%，中度富营养水库占12.9%，重度富营养水库占0.8%。

与2015年同比，Ⅰ～Ⅲ类水质水库个数比例上升了4.3个百分点，富营养状态水库个数比例下降4.8个百分点。

（四）水功能区水质达标状况

2016年，全国评价水功能区6270个，满足水域功能目标的3682个，占评价水功能区总数的58.7%。其中，满足水域功能目标的一级水功能区（不包括开发利用区）占64.8%；二级水功能区占54.5%。2016年全国满足水域功能水质目标的水功能区比例见表15。

表15　2016年全国满足水域功能水质目标的水功能区比例

水功能区划类型	评价数/个	满足水域功能水质目标数/个	比例/%
保护区	841	510	60.6
保留区	1127	844	74.9
缓冲区	631	329	52.1
一级水功能区	**2599**	**1683**	**64.8**
饮用水源区	1187	714	60.2
工业用水区	702	460	65.5
农业用水区	894	405	45.3
渔业用水区	119	56	47.1
景观娱乐用水区	378	170	45.0
过渡区	324	164	50.6
排污控制区	67	30	44.8
二级水功能区	**3671**	**1999**	**54.5**
水功能区	**6270**	**3682**	**58.7**

评价全国重要江河湖泊水功能区4028个，达标率为73.4%。其中，一级水功能区（不包括开发利用区）达标率为76.9%，二级水功能区达标率为70.5%。2016年全国重要江河湖泊水功能区水质达标率见表16。

表16 2016年全国重要江河湖泊水功能区水质达标率

水功能区划类型	评价数/个	达标率/%
保护区	589	76.3
保留区	661	88.6
缓冲区	450	61.4
一级水功能区	**1700**	**76.9**
饮用水源区	672	83.3
工业用水区	497	77.9
农业用水区	545	54.6
渔业用水区	81	73.0
景观娱乐用水区	220	61.7
过渡区	278	62.3
排污控制区	35	
二级水功能区	**2328**	**70.5**
水功能区	**4028**	**73.4**

（五）省界断面水质

2016年，各流域水资源保护机构对全国544个重要省界断面进行了监测评价，Ⅰ～Ⅲ类、Ⅳ～Ⅴ类、劣Ⅴ类水质断面比例分别为67.1%、15.8%和17.1%。主要污染项目是化学需氧量、氨氮、总磷。与2015年同比，Ⅰ～Ⅲ类断面比例上升2.3个百分点，劣Ⅴ类断面比例下降0.8个百分点。2016年各水资源一级区省界断面水质状况见表17。

（六）集中式饮用水水源地水质

2016年，31个省（自治区、直辖市）共监测评价867个集中式饮用水水源地。全年水质合格率在80%及以上的水源地有693个，占评价总数的80.1%。与2015年同比，全年水质合格率在80%及以上的水源地比例上升1.4个百分点。

（七）浅层地下水水质

2016年，流域地下水水质监测井主要分布于松辽平原、黄淮海平原、山西及西北地区盆地和平原、江汉平原重点区域，基本涵盖了地下水开发利用程度较大、污染较严重的地区。监测对象以浅层地下水为主，易受地表或土壤水污染下渗影响，水质评

表17　2016年各水资源一级区省界断面水质状况

水资源分区	分类断面数比例/%		劣V类断面分布
	I~III类	劣V类	
松花江区	92.2	2.0	卡岔河的吉林—黑龙江交界处
辽河区	46.7	26.7	新开河、西辽河的内蒙古—吉林交界处； 阴河的河北—内蒙古交界处； 条子河的吉林—辽宁交界处
海河区	25.0	61.8	潮白河、北运河、泃河、凤港减河、大石河的北京—河北交界处； 北京排水河的北京—天津交界处； 潮白河、蓟运河、北运河、泃河、还乡河、双城河、大清河、青静黄排水渠、子牙河、子牙新河、北排水河、沧浪渠、南运河的河北—天津交界处； 卫运河、漳卫新河、马颊河的河北—山东交界处； 卫河的河南—河北交界处； 徒骇河的河南—山东交界处； 饮马河的内蒙古—山西交界处； 南运河的山东—河北交界处； 桑干河、南洋河、绵河的山西—河北交界处等
黄河区	54.7	29.3	湟水的青海—甘肃交界处； 渝河的宁夏—甘肃交界处； 泾河的甘肃—陕西交界处； 皇甫川、窟野河的内蒙古—陕西交界处； 双桥河的陕西—河南交界处； 龙王沟、黑岱沟的内蒙古入黄处； 偏关河、蔚汾河、湫水河、三川河、鄂河、汾河、涑水河的山西入黄处； 皇甫川、清涧河、延河、金水沟的陕西入黄处； 宏农涧河的河南入黄处； 金堤河的河南—山东交界处
淮河区	32.0	20.0	洪河、沱河、包河的河南—安徽交界处； 奎河、琅溪河的江苏—安徽交界处； 废黄河的安徽—江苏交界处； 武河、黄泥沟河、石门头河、青口河的山东—江苏交界处
长江区	82.8	3.5	清流河的安徽—江苏交界处； 黄渠河的河南—湖北交界处； 界溪河的湖北—湖南交界处； 舞水的贵州—湖南交界处；
其中：太湖流域	50.0	8.8	浏河、吴淞江、盐铁塘的江苏—上海交界处
东南诸河区	90.0	10.0	甘岐水库的浙江—福建交界处
珠江区	90.9	3.6	深圳河的广东—香港交界处
西南诸河区	100.0	0.0	

价结果总体较差。2104个测站监测数据地下水质量综合评价结果显示：水质优良的测站比例为2.9%，良好的测站比例为21.1%，无较好测站，较差的测站比例为56.2%，极差的测站比例为19.8%。主要污染指标除总硬度、溶解性总固体、锰、铁和氟化物可能由于水文地质化学背景值偏高外，“三氮”污染情况较重，部分地区存在一定程度的重金属和有毒有机物污染。2016年各水资源一级区地下水水质综合评价结果统计见表18。

表18　2016年各水资源一级区地下水水质综合评价结果统计表

水资源一级区	测站个数/个	不同水质测站个数/个					测站比例/%		
		优良	良好	较好	较差	极差	良好及以上	较差	极差
全　国	2104	60	445	0	1183	416	24.0	56.2	19.8
松花江区	225	0	29	0	162	34	12.9	72.0	15.1
辽河区	226	1	23	0	137	65	10.6	60.6	28.8
海河区	598	37	149	0	311	101	31.1	52.0	16.9
黄河区	440	6	106	0	194	134	25.5	44.1	30.5
淮河区	442	11	100	0	289	42	25.1	65.4	9.5
长江区	35	0	7	0	23	5	20.0	65.7	14.3
西北诸河区	138	5	31	0	67	35	26.1	48.6	25.4

注：地下水水质评价方法采用《地下水质量标准》（GB/T 14848—93）中地下水质量综合评价方法，总大肠菌群、细菌总数等微生物指标不参与评价。

术语解释

地表水资源量

指河流、湖泊、冰川等地表水体逐年更新的动态水量，即当地天然河川径流量。

地下水资源量

指地下饱和含水层逐年更新的动态水量，即降水和地表水入渗对地下水的补给量。

水资源总量

指当地降水形成的地表和地下产水总量，即地表产流量与降水入渗补给地下水量之和。

供水量

指各种水源为用水户提供的包括输水损失在内的水量之和，按受水区分地表水源、地下水源和其他水源统计。海水直接利用量另行统计，不计入供水总量中。

用水量

指各类用水户取用的包括输水损失在内的毛水量之和，按生活用水、工业用水、农业用水和人工生态环境补水四大类用户统计，不包括海水直接利用量以及水力发电、航运等河道内用水量。生活用水包括城镇生活用水和农村生活用水，其中城镇生活用水由居民用水和公共用水（含第三产业及建筑业等用水）组成；农村生活用水指居民生活用水。工业用水指工矿企业在生产过程中用于制造、加工、冷却、空调、净化、洗涤等方面的用水，按新水取用量计，不包括企业内部的重复利用水量。农业用水包括耕地灌溉和林地、园地、牧草地灌溉，鱼塘补水及牲畜用水。人工生态环境补水仅包括人为措施供给的城镇环境用水和部分河湖、湿地补水，而不包括降水、径流自然满足的水量。

耗水量

指在输水、用水过程中，通过蒸腾蒸发、土壤吸收、产品吸附、居民和牲畜饮用等多种途径消耗掉，而不能回归到地表水体和地下含水层的水量。

耗水率

指用水消耗量占用水量的百分比。

废污水排放量

指工业、第三产业和城镇居民生活等用水户排放的水量，但不包括火电直流冷却水排放量和矿坑排水量。

水功能区

指为满足水资源合理开发、利用、节约和保护的需求，根据水资源的自然条件和开发利用现状，按照流域综合规划、水资源与水生态系统保护和经济社会发展要求，依其主导功能划定范围并执行相应水环境质量标准的水域。水功能区划采用两级体系，一级区划旨在从宏观上调整水资源开发利用与保护的关系，二级区划主要协调不同用水行业间的关系。

水功能区水质达标率

指水质评价达标的水功能区数量与全部参与评价的水功能区数量的比值，主要控制项目为高锰酸盐指数与氨氮。

全国水资源一级区示意图

《中国水资源公报》编制领导小组

组　长：陆桂华

副组长：张志彤　陈明忠

成　员：（以姓氏笔画为序）

王爱国　石秋池　刘建明　匡尚富　沈凤生　张建云

李仰斌　汪安南　庞进武　郭孟卓　蔡建元

《中国水资源公报》编制工作小组

组　长：郭孟卓

副组长：林祚顶　王建华　刘九夫

成　员：（以姓氏笔画为序）

毛学文（水利部水文局）

仇亚琴（中国水利水电科学研究院）

卢　琼（中国水利水电科学研究院）

冯保清（中国灌溉排水发展中心）

齐兵强（水利部水资源司）

汪党献（水利部水利水电规划设计总院）

杜　霞（中国水利水电科学研究院）

张绍强（中国灌溉排水发展中心）

张海涛（中国水利水电科学研究院）

张象明（中国水利水电科学研究院）

张鸿星（水利部水资源司）

林　锦（南京水利科学研究院）

章树安（水利部水文局）

彭文启（中国水利水电科学研究院）

编辑部邮箱：gongbao_iwhr@iwhr.com